The Book of Blast Off

一起去执行太空任务吧

〔英〕蒂莫西·纳普曼（Timothy Knapman）◎著

〔美〕尼克·亨德森（Nik Henderson）◎绘

孙甜◎译

中国友谊出版公司

目 录 CONTENTS

一起去执行太空任务

我望向窗外，漆黑的夜空中，繁星点点。

太空中有无数颗恒星和行星，还有明亮的彗星拖着长长的尾巴呼啸而过。

快点儿，倒计时要开始了！

大家各就各位……

跟随我一起去执行太空任务吧！

5……

4……

3……

2……

1……！

发射！

斯普特尼克1号人造卫星

斯普特尼克1号人造卫星是第一颗绕**地球**运行的
人造卫星。

它竭尽全力向地球发送无线电信号。

隔热罩

天线

斯普特尼克 1 号只执行了短短 **3** 周的任务。
后来，它虽然烧毁了，却拉开了一个重大事
件的序幕……

太空竞赛
开始了！

友谊7号宇宙飞船

苏联宇航员尤里·加加林是第一个进入太空的人。

在这之后不久，美国发射了**友谊7号宇宙飞船**，加入了太空竞赛。

隔热罩

火箭发动机

二级火箭

一级火箭

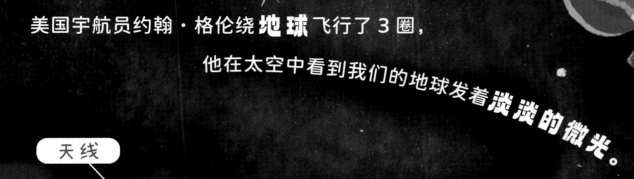

美国宇航员约翰·格伦绕**地球**飞行了 3 圈，
他在太空中看到我们的地球发着**淡淡的微光**。

天线

仰望浩瀚的星空，他知道人类探索太空
的征途还很漫长。

水手4号火星探测器

水手 4 号火星探测器 的任务是探测**火星**上是否存在生命。
它拍摄了许多火星的照片，让我们看到了这颗"伤痕累累"的行星的真面目……

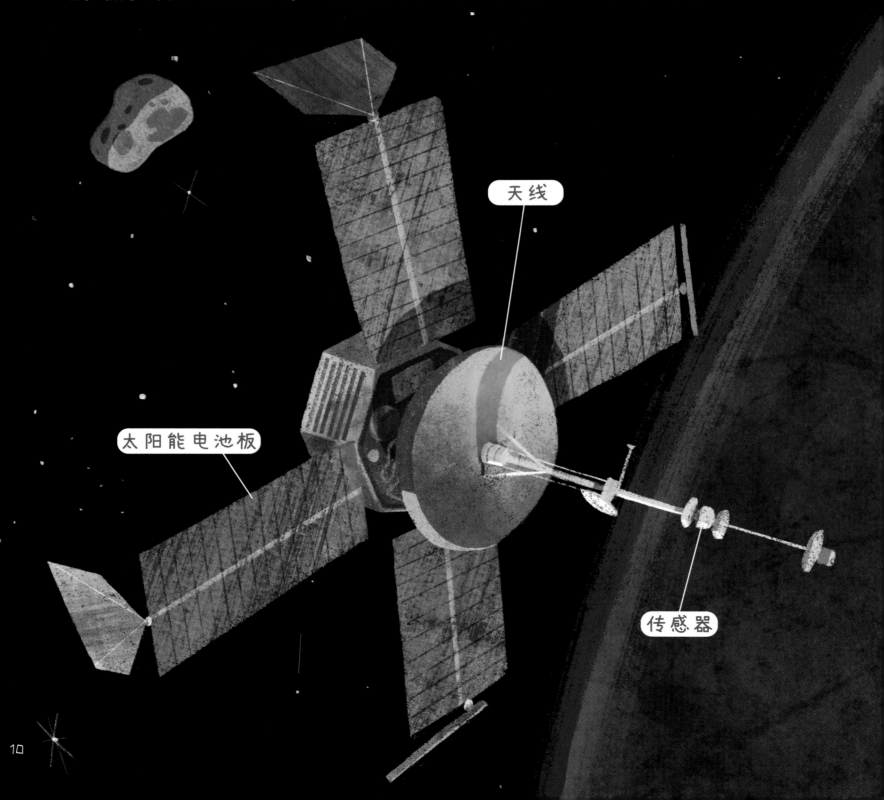

天线

太阳能电池板

传感器

陨石撞击火星时在火星表面留下了撞击坑。
火星上的空气十分稀薄。

我们至今仍在探索火星上是否
存在生命。

天线

天线

推力室

起落架

美国宇航员尼尔·阿姆斯特朗和巴兹·奥尔德林曾乘坐**鹰号登月舱**降落在**月球**上。

我们曾相信，在他们登月成功后，人类很快会再次造访月球。

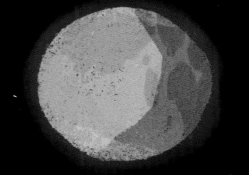

阿姆斯特朗在月球上迈出的一小步，代表着人类在探索太空的
征途上迈出的一大步。

他们站在月球上，遥望着**地球**这颗蓝绿色的宝贵的星球。

阿波罗13号登月飞船

阿波罗 13 号登月飞船 在发射后发生的紧急状况可把关注这次登月任务的人们吓坏了。

当时，一个氧气罐**爆炸了**，宇航员们就快要无法维持呼吸了！

推进系统

天线

隔热罩

万千民众都守在电视机前，焦急地等待宇航员们想方设法展开自救。
这些宇航员虽然没能登上月球，但活着回到了地球上。

旅行者1号外太阳系空间探测器

旅行者1号外太阳系空间探
测器是迄今为止飞得最远的航天器。
它飞过**木星**，又飞过**土星**，然而
它的任务还没有结束。

今天，距离旅行者1号发射已有 **40** 多年。

摄像机

天线

放射性同位素热电机

伽利略号在轨运行了 **8** 年，在观测木星的同时"顺便"观测小行星。

它释放出一个探测器，这个探测器在降落到木星的过程中会发送各种探测数据。

卡西尼-惠更斯号土星探测器

土星因一圈圈美丽的光环而十分著名。**卡西尼-惠更斯号土星探测器**造访了土星，并揭开了许多土星的奥秘……

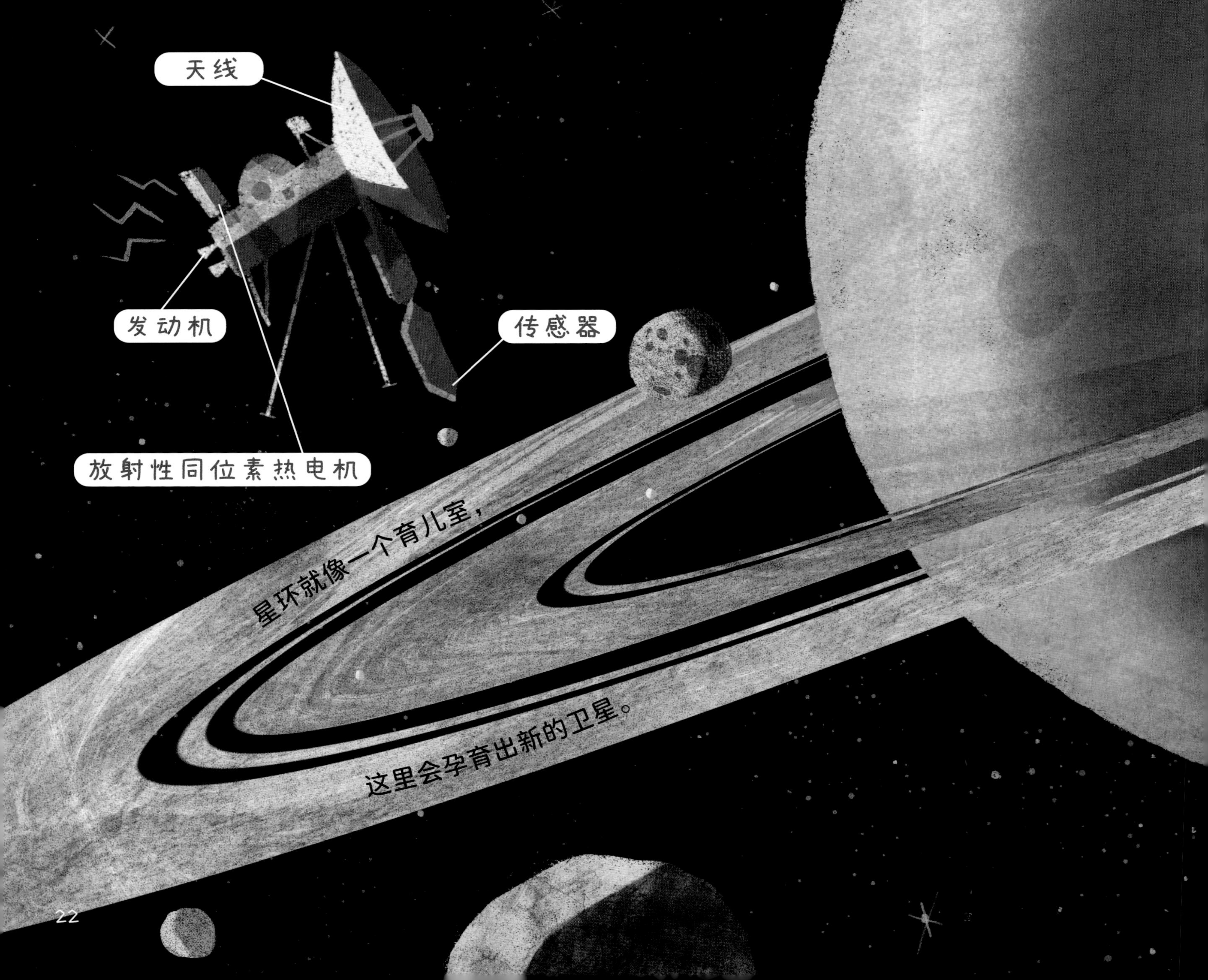

天线

发动机

传感器

放射性同位素热电机

星环就像一个育儿室，

这里会孕育出新的卫星。

有的卫星上有火山，不过这些火山喷发出的物质不是岩浆，而是半融化的冰！

23

国际空间站（1）

国际空间站是各国共同观测、研究外太空的地方。

国际空间站是太空中最大的人造物体，可供 **7** 名宇航员同时在此驻留。

和谐号节点舱

日本希望号实验舱

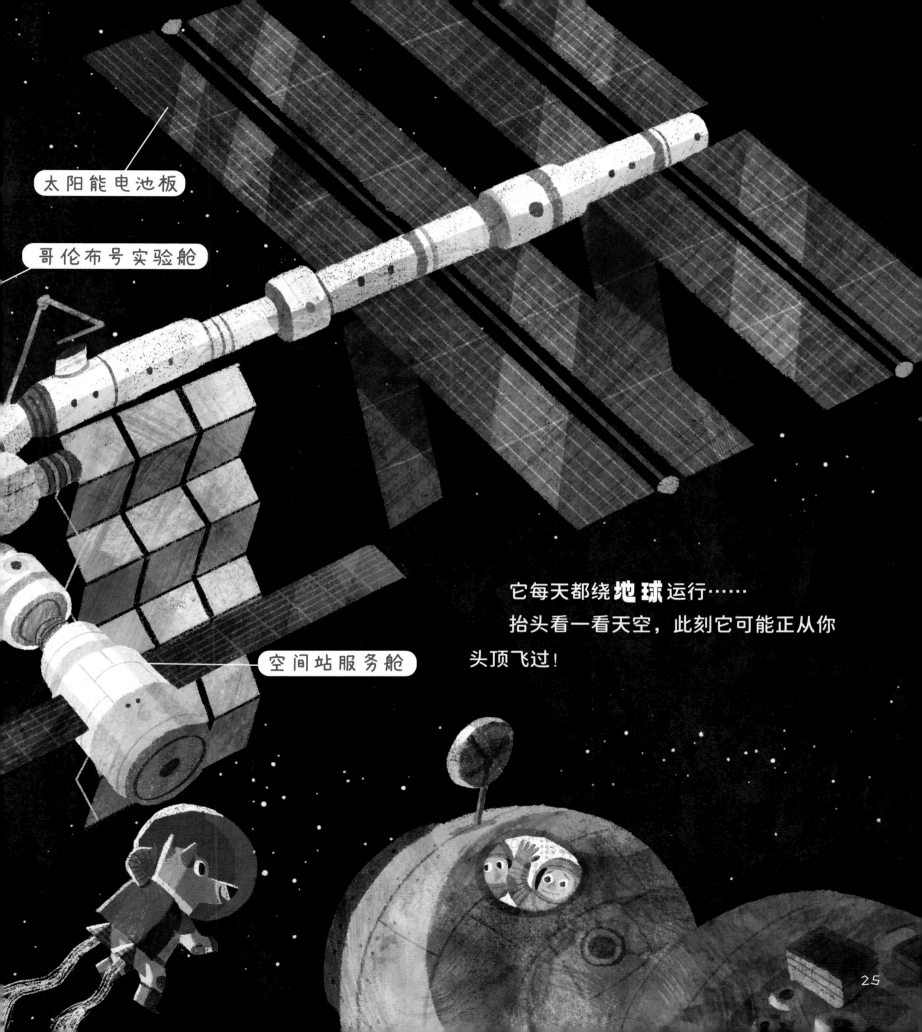

太阳能电池板

哥伦布号实验舱

空间站服务舱

它每天都绕**地球**运行……
抬头看一看天空,此刻它可能正从你
头顶飞过!

开普勒太空望远镜

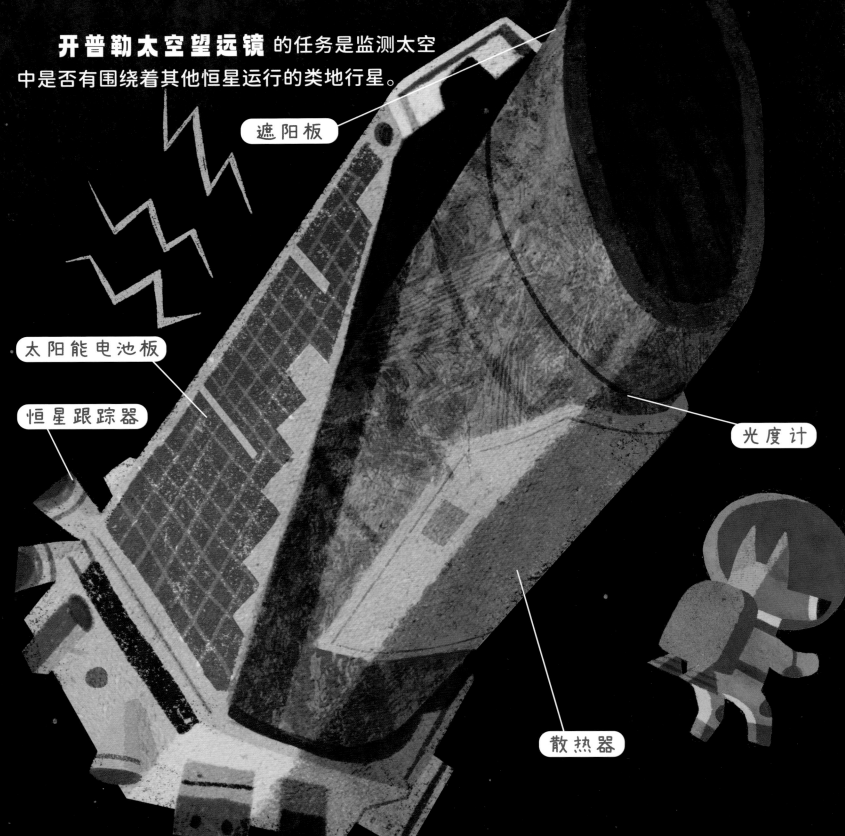

开普勒太空望远镜 的任务是监测太空中是否有围绕着其他恒星运行的类地行星。

遮阳板

太阳能电池板

恒星跟踪器

光度计

散热器

你知道吗？

在开普勒太空望远镜"光荣退役"之前，它发现了 **2600** 多颗和地球大小差不多的行星！

罗塞塔号彗星探测器

彗星是快速飞行的**巨大**冰块和岩石。
罗塞塔号彗星探测器的任务是探测
我们发现的一颗彗星。

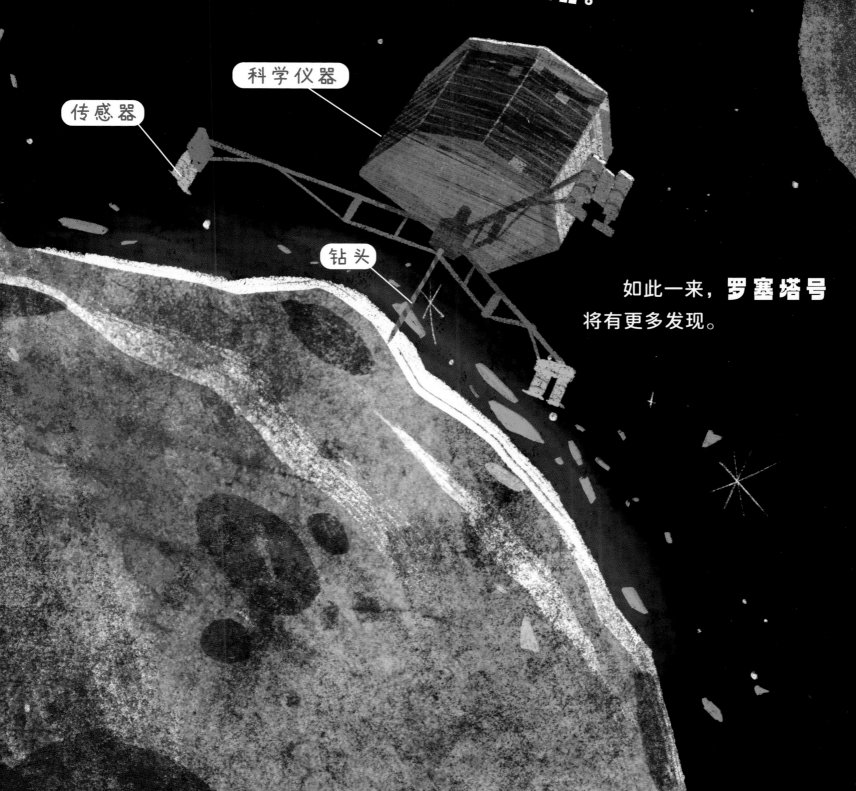

罗塞塔号在轨道上进行探测。

为了进一步探测彗星，它释放出**菲莱登陆器**。

科学仪器

传感器

钻头

如此一来，**罗塞塔号**将有更多发现。

国际空间站（2）

国际空间站的宇航员杰西卡·U.梅尔和克里斯蒂娜·H.科赫发现电源有问题，于是她们前去检修。

当她们执行任务的时候，地球上的人们激动万分，因为她们创造了一项纪录——实现空间站历史上的第一次**全女性太空行走**。

毅力号火星探测器

虽然现在**火星**上没有生命存在，但曾经这里可能有过。
为了进一步探测火星上是否存在生命，我们向火星发射了
一台很厉害的机器……

气象站

毅力号火星探测器（宇航员称它为"珀西"）发现火星上曾
经有生命之源——**水**。

摄像头

科学仪器

导航传感器

猎户座飞船

我们将会再次造访**月球**，并且会在这里驻留。

将来有一天，我们会在太空中建造一个生活与工作区域——**月球基地**。

人们将要为**阿尔忒弥斯计划**选拔乘坐**猎户座飞船**登上月球的宇航员。

也许那个幸运儿
就是你！

向着外太空以及更遥远的星空进发

人类从远古时期第一次仰望星空开始，就对太空充满了好奇，想要在太空中遨游。然而，直到20世纪，人类才实现了探索太空的梦想。

1957年，第一颗人造卫星发射升空，这标志着世界各国开始了一场激烈的太空探索竞赛。人们追求以更快的速度进入更遥远的太空，一次又一次地突破人类想象力的极限。

下面，我们来了解一下人类太空探索史中的一些标志性事件。

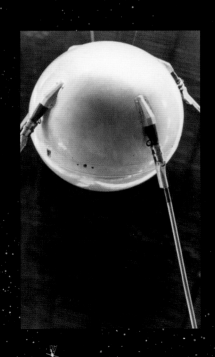

太空竞赛

日期：1957—1969年

苏联（1922—1991）横跨东欧和北亚，其首都莫斯科现在属于俄罗斯。在第二次世界大战后的若干年里，美国和苏联是全世界非常强大的两个国家，但二者在许多事情上都存在分歧。人们称美苏两国之间的紧张关系为"冷战"。1957年，美国在得知苏联成功发射了第一颗人造卫星后十分震惊。很快，全世界都将目光投向了月球——谁将成为第一个登上月球的人？是苏联宇航员还是美国宇航员？就这样，太空竞赛开始了！

✕ 任务：斯普特尼克1号人造卫星

日期：1957年10月4日

苏联将斯普特尼克1号人造卫星送入轨道后，它成为第一颗进入太空的人造卫星。

"斯普特尼克"在俄语中的意思是"旅伴"。

这颗卫星很小，直径只有0.58米。它带有几根长长的天线。虽然人们预计斯普特尼克1号的电池电量只能支持它运行两周，但这颗卫星持续发送无线电信号长达22天。它对于后世的意义十分深远。太空探索的时代开始了！

任务：东方1号宇宙飞船

日期：1961年4月12日

宇航员：尤里·加加林

　　苏联宇航员尤里·加加林乘坐东方1号宇宙飞船绕地球轨道飞行，成为第一个进入太空的人。东方1号有一个球形太空舱和3扇小舷窗，加加林在飞行的过程中通过无线电与地面人员保持通信。加加林乘坐东方1号绕地球飞行了1圈，在发射完的1小时48分钟后安全返回。按照计划，加加林从距离地面约6.5千米的飞船上弹射出来，借助降落伞降落于地面。他降落在一片田地里，把一个农民和她的女儿吓了一跳。

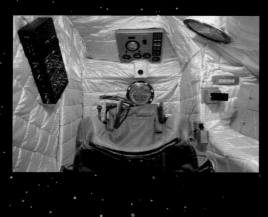

任务：水星-宇宙神6号，友谊7号宇宙飞船

日期：1962年2月20日

宇航员：约翰·格伦

　　约翰·格伦是第一个在水星-宇宙神6号任务中绕地球飞行的美国人。友谊7号宇宙飞船与26米高的宇宙神运载火箭分离，绕地球飞行了3圈。

　　格伦在太空中看到非洲某地扬起了一场沙尘暴，看到月光照耀在海面和云端，还看到4次日落。飞船的自动驾驶功能失效后，格伦手动驾驶飞船飞行了近5小时，然后成功地降落在大西洋海面上。

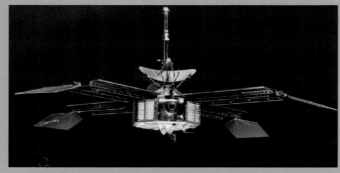

任务：水手4号火星探测器

日期：1964年11月28日

　　水手4号火星探测器重达260千克，由4块太阳能电池板提供电力。它首次成功完成了飞越火星的任务。

　　水手4号从佛罗里达州卡纳维拉尔角空军基地发射，飞行了7个月，于1965年7月15日飞临最接近火星处。它首次在太空深处拍摄了火星的照片，虽然这些照片让我们在这颗红色星球上发现生命的希望落空了，但这次任务使我们加深了对火星的了解。

任务：阿波罗11号登月飞船

日期：1969年7月16日至24日

宇航员：尼尔·阿姆斯特朗、巴兹·奥尔德林、迈克尔·柯林斯

1969年7月20日，近6.5亿人见证了人类首次登月这历史性的一幕。迈克尔·柯林斯驾驶阿波罗11号的鹰号登月舱与主指挥舱分离，降落到月球表面。

美国宇航员尼尔·阿姆斯特朗成为第一个登上月球的人。他说出了一句名言："这是我个人的一小步，却是人类的一大步。"在鹰号登月舱与主指挥舱对接并返回地球之前，阿姆斯特朗和奥尔德林在月球上停留了21小时。

任务：阿波罗13号登月飞船

日期：1970年4月11日至17日

宇航员：吉姆·洛弗尔、杰克·斯威格特、弗莱德·华莱士·海斯

阿波罗13号登月飞船本应执行第三次登月任务，然而，在飞行56小时后，其携带的一个氧气罐爆炸了。为宇航员提供空气的系统和为飞船提供电力的系统严重受损，宇航员们面临生死危机。他们取消了登月计划，并立即制订出一项应急计划。3名宇航员进入狭窄的登月舱，把它当作救生艇。登月舱为他们提供了返航所需的空气、水和电力，让他们得以平安返回地球。

任务：旅行者1号外太阳系空间探测器

日期：1977年9月5日至今

旅行者1号外太阳系空间探测器于1977年发射，至今仍在运行。它于1979年探测木星，于1980年探测土星，和旅行者2号一起收集了数万份图像和测量数据。它是迄今为止距离地球最远的人造航天器。2012年8月，它成为第一个穿越日球层顶并进入星际空间的航天器。目前，它仍然在向地球发送数据。旅行者1号携带了一张"金唱片"，向星际旅途中可能遇到的任何形式的外星生命传递来自地球的讯息。

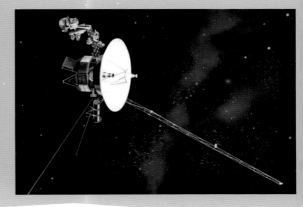

任务：STS-31，发现号航天飞机，发射哈勃空间望远镜

日期：1990年4月24日至29日

宇航员：罗伦·J.施里弗、查尔斯·F.博尔登、斯蒂芬·A.霍利、布鲁斯·麦克坎德雷斯二世、凯瑟琳·D.沙利文

美国航空航天局设计出可多次执行任务的航天飞机。从1981年到2011年，5架航天飞机累计完成了135次飞行任务。发现号航天飞机执行的第10次任务是发射哈勃空间望远镜。哈勃空间望远镜可以探测到比肉眼可见的物体暗淡100亿倍的物体，为我们提供了黑洞、围绕遥远的恒星运行的行星和其他宇宙奇观的图像。哈勃空间望远镜至今仍在工作。2009年，STS-31的飞行员查尔斯·F.博尔登被任命为美国航空航天局局长，成为美国航空航天局首位非洲裔局长。

任务：伽利略号木星探测器

日期：1989年10月18日至2003年9月21日

伽利略号木星探测器在飞往木星的途中遇到小行星，成为第一个"邂逅"小行星的航天器，并近距离飞掠其中两颗小行星。伽利略号环绕木星运行了8年，对木星的卫星有了重大发现：它找到了木卫二的冰层下有盐水海洋和木卫一上有大规模火山喷发的证据。伽利略号释放的探测器对木星的大气层进行了检测，结果表明，木星上有大规模的雷暴，而且这些雷暴比地球上的雷暴剧烈得多。2003年，伽利略号为了避免与木卫二相撞而坠入木星大气层，它的太空探索生涯从此结束了。

任务：卡西尼-惠更斯号土星探测器

日期：1997年10月15日至2017年9月15日

卡西尼号宇宙飞船环绕土星运行，探索了土星的光环和数十颗冰卫星。卡西尼号携带的惠更斯号探测器降落于土卫六上，它不但发现了冰火山存在的证据，还收集了一些重要数据。卡西尼号飞行了约79亿千米，向地球发送超过45万张揭示土星奥秘的图像，它还发现土星环中的物质可能会形成新的卫星。美国航空航天局、欧洲航天局和意大利航天局共同参与了卡西尼号任务。

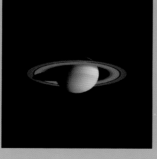

任务：国际空间站

日期：2000年10月31日至2001年3月21日

宇航员：威廉·M.谢泼德、谢尔盖·康斯坦丁诺维奇·克里卡列夫、尤里·P.吉德津科

　　1993年，美国和俄罗斯同意合作共建一个最先进的太空实验室——国际空间站。国际空间站在建造完毕后，可以接待宇航员在此长期驻留。一名美国宇航员和两名俄罗斯宇航员从哈萨克斯坦起飞，于2000年11月2日抵达国际空间站，成为第一批驻国际空间站的宇航员。4个月后，发现号航天飞机将新一批工作人员送到国际空间站，并接他们3人返回地球。国际空间站由美国、俄罗斯、欧洲、日本和加拿大共同运营，自2000年以来一直有宇航员在此驻留。

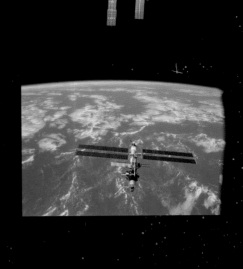

任务：开普勒太空望远镜

日期：2009年3月7日至2018年11月15日

　　太阳系之外有多少颗类地行星？它们是否具备适宜生命生存的条件？开普勒太空望远镜的任务就是找到这些问题的答案。它观测了50多万颗恒星，监测它们的亮度是否有变化，因为亮度发生变化表示其附近可能存在行星。每当开普勒太空望远镜探测到一颗新行星，它就会收集这颗行星的数据，来估计它的大小、形状，以及该行星上是否可能存在生命。开普勒太空望远镜在太空工作的9年中发现了2600多颗行星，功绩辉煌。

任务：罗塞塔号彗星探测器和菲莱登陆器

日期：2004年3月2日至2016年9月30日

　　欧洲航天局的罗塞塔号彗星探测器和菲莱登陆器的任务是完成首次绕彗星运行并着陆于彗星。罗塞塔号跟随彗星67P（又叫丘留莫夫-格拉西缅科彗星）绕太阳运行，并释放菲莱登陆器，使它降落于彗星表面。可惜由于菲莱登陆器发生了反弹，未能按原计划着陆，最终停留在一个阴暗处，导致它的电池无法被充电，但它在断电前发回了重要数据。罗塞塔号继续运行了两年，发回了数百万份测量数据、照片和样本，改变了我们对彗星的认知。

任务：61号远征队，国际空间站

日期： 2019年10月3日至2020年2月6日

宇航员： 安德鲁·R.摩根、亚历山大·斯克沃尔佐夫、卢卡·帕米塔诺、奥列格·斯克里波奇卡、杰西卡·U.梅尔、克里斯蒂娜·H.科赫

2019年10月18日，杰西卡·U.梅尔和克里斯蒂娜·H.科赫在7小时17分钟的太空行走中更换了电源控制器，并创造了历史。这是国际空间站上的第221次太空行走，也是有史以来第一次全女性太空行走。在一长串探索太空的女性先驱的名单上，梅尔和科赫名列其中。其他一些著名的女性宇航员包括：第一位进入太空的女性瓦莲京娜·捷列什科娃，第一位进入太空的美国女性萨利·赖德，第一位进入太空的黑人女性梅·杰米森，以及在太空中度过665天、创下女性宇航员太空行走次数与总时长纪录的佩姬·惠特森。

任务：火星2020，毅力号火星探测器

日期： 2020年7月30日至今

火星上也许没有火星人，但通过毅力号火星探测器拍摄的图像，我们得知火星上曾经有深邃的湖泊和湍急的河流。自2021年登陆这颗红色的星球以来，"珀西"（毅力号的昵称）勤勤恳恳地做了许多工作，包括记录气象数据、收集岩石样本、利用二氧化碳制造氧气等。这辆汽车大小的火星探测器有摄像头和仪器充当它的"眼睛"，有通信天线，有一只能采集样本的"手"，有使它能够四处走动的轮子和"腿"，甚至还有加热器和绝缘材料来应对极端天气。

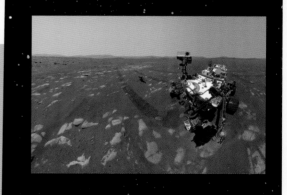

任务：阿尔忒弥斯计划

日期： 即将到来

人们将来会在月球上生活吗？在美国航空航天局即将执行的阿尔忒弥斯计划中，人类将进一步探索月球表面，并准备在月球上建造一个大本营，供宇航员生活和工作。美国航空航天局宣布，在这些任务中，将会有女性和有色人种首次登上月球。美国航空航天局希望运用自己的知识，在未来能够将宇航员送上火星！

National Aeronautics and Space Administration

The next giant leap...

NASA

EXPLORE MOON to MARS

www.nasa.gov #ARTEMIS

41

图书在版编目（CIP）数据

一起去执行太空任务吧 / （英）蒂莫西·纳普曼著；
（美）尼克·亨德森绘；孙甜译 .-- 北京：中国友谊出
版公司，2024.1

ISBN 978-7-5057-5770-7

Ⅰ . ①一··· Ⅱ . ①蒂··· ②尼··· ③孙··· Ⅲ . ①航天 -
少儿读物 Ⅳ . ① V4-49

中国国家版本馆 CIP 数据核字 (2023) 第 225681 号

著作权合同登记号　图字：01-2023-5785

书名	一起去执行太空任务吧
作者	[英]蒂莫西·纳普曼 著　[美]尼克·亨德森 绘
译者	孙甜
出版	中国友谊出版公司
发行	中国友谊出版公司
经销	新华书店
印刷	天津画中画印刷有限公司
规格	889 毫米 ×1194 毫米　12 开
	3.5 印张　17 千字
版次	2024 年 1 月第 1 版
印次	2024 年 1 月第 1 次印刷
书号	ISBN 978-7-5057-5770-7
定价	89.00 元
地址	北京市朝阳区西坝河南里 17 号楼
邮编	100028
电话	(010) 64678009